L'HYGIÈNE DU CHEVAL

PAR

M. F. LE CORDIER

Professeur d'Equitation

DREUX

TYPOGRAPHIE ET LITHOGRAPHIE CH. LEMENESTREL, RUE D'ORLÉANS

1866

L'HYGIÈNE
DU CHEVAL

L'HYGIÈNE
DU CHEVAL

PAR

M. F. LE CORDIER

PROFESSEUR D'ÉQUITATION

DREUX

TYPOGRAPHIE DE CH. LEMENESTREL

1866

INTRODUCTION.

Entre les animaux, sur la terre, il n'en est pas un qui ait apporté et apporte chaque jour à l'homme autant de services pour son utilité et ses plaisirs. C'est un noble animal, intelligent, naturellement doux et bon de caractère, adroit dans n'importe quel travail que l'homme exige de lui, et qui devient aussi confiant très-promptement, si l'on use envers lui de bons procédés.

Le cheval se résigne à la misère, à la souffrance ; il donne généreusement ses services jusqu'à ce qu'il meure à la peine.

Plein de feu et d'ardeur, ne l'a-t-on pas vu, dans ces dernières guerres encore, devenir l'un des plus puissants auxiliaires des vainqueurs, puis, en temps de paix, être la cheville ouvrière du travail et de l'agriculture?

Ardent aux combats, indispensable à l'agriculture et au commerce, le cheval est le plus brave et le plus utile compagnon de l'homme, et je dis, avec un auteur célèbre, que c'est aussi sa plus noble conquête.

Est-il, pour nos plaisirs et nos divertissements, rien de plus agréable que le cheval qui, chaque jour, se plie à nos exigences, mettant ainsi docilement à notre disposition les incomparables qualités de vigueur et d'agilité dont l'a doué le Créateur?

Pourtant, aujourd'hui, quand on fait l'acquisition d'un bon cheval pour la guerre, le manége, les courses ou tout autre service, le militaire, le laboureur, etc., ne retirent pas toujours de ce noble animal le service qu'ils se croient en droit d'en attendre, et que bien réellement il eût rendus, si l'on eût su le soigner et le ménager à propos et comme il devait l'être.

Rien donc de plus déplorable, lorsqu'on a recherché avec

soin et fait l'acquisition d'un bon cheval, que de le voir dépérir, perdre sa beauté, ses qualités, ses forces et son prix, par le fait des personnes destinées à le diriger ou à le soigner, non pas que ce soit mauvais vouloir de leur part, mais le plus souvent par le manque de connaissance des soins à donner, par suite de mauvais pansements, d'un ordinaire mal réglé, ou pour l'avoir fait boire en temps inopportun; toutes choses qui peuvent, d'un bon cheval, en faire promptement un mauvais, et le mettre hors d'état de rendre aucun bon service. Ces considérations, sur lesquelles on ne s'est pas assez arrêté, m'ont engagé à chercher les moyens de parer aux premiers inconvénients; tel est le but de mon ouvrage, particulièrement destiné aux éleveurs, piqueurs, grooms, palefreniers, soldats de cavalerie, etc., en un mot, à tous ceux qui, intelligents et amateurs du progrès, voudront s'occuper de la science hippique ou y seront obligés par état.

On ne trouvera dans cet ouvrage ni style élégant, ni phrases brillantes, écrites en termes techniques, à grand renfort de collaborateurs et d'écrivains habiles. J'ai seulement voulu me rendre utile en expliquant, le plus clairement et surtout le plus simplement possible, ce qu'une longue expérience et des connaissances particulières qu'on ne peut me refuser m'autorisent à déclarer indispensable au plus grand nombre, espérant ainsi un bon accueil et une appréciation bienveillante pour cet opuscule, appelé, selon moi, à rendre des services réels.

F. LE CORDIER.

L'HYGIÈNE
DU CHEVAL.

L'hygiène est l'art de conserver la santé. Or, les soins qu'on donne au cheval, la manière intelligente dont on le nourrit et la propreté dont on l'environne, contribuent puissamment à maintenir sa santé et à développer la richesse de son organisation.

I.

Comment faut-il distribuer les fourrages aux chevaux?

La distribution des fourrages est une question fort importante et pour laquelle je vais donner des règles précises.

La ration ordinaire, pour un cheval de service, est de 9 à 15 litres d'avoine, selon sa taille et le service qu'on lui demande, de 2 à 3 kilogrammes de foin, d'une botte de paille comme supplément de ration, d'un litre de farine d'orge et trois litres de son pour parfaire les machs (il est bon d'en donner aux chevaux deux fois la semaine et à l'heure de la seconde avoine). La ration ordinaire d'un fort carrossier est de 15 à 18 litres d'avoine par jour, selon sa taille et son service, de 3 à 4 kilogrammes de bon foin et d'une botte et demie de paille comme supplément.

Il faut distribuer l'avoine en quatre fois: le matin, à cinq heures en été et à six heures en hiver, à dix heures, à deux heures, à 7 heures du soir en été et à six heures en hiver.

Il faut abreuver les chevaux deux fois le jour et toujours avant de donner la deuxième avoine, après qu'ils ont mangé à peu près leur ration de foin et que le pansage se trouve terminé. Un cheval peut boire à chaque repas, sans inconvénient, de 7 à 9 litres d'eau; le second abreuvoir devra avoir lieu le soir, avant la dernière avoine. On doit, en se plaçant hors de l'écurie, cribler soigneusement l'avoine, avant de la distribuer aux chevaux.

Nota. En été, durant les grandes chaleurs, vers midi, le palefrenier mettra un litre de son dans quatre litres d'eau, puis l'offrira au cheval.

Les chevaux doivent manger leur avoine dans le plus grand calme, c'est la condition d'une bonne nutrition; ainsi, les soins d'écurie ne seront jamais commencés qu'après que les chevaux auront terminé ce repas important.

II.

Soins d'écurie, pansage, litière.

Comment faut-il panser les chevaux?

Pour qu'ils soient bien pansés, il faut que le palefrenier n'en ait que deux, si l'on veut qu'il en ait bien du soin; autrement, il s'en acquitterait fort mal.

Un palefrenier doit être dispos, adroit, souple, nerveux, hardi, aimant les chevaux et ayant bonne volonté de bien faire. On doit précieusement conserver ceux chez qui on rencontre ces qualités réunies.

Le palefrenier doit se lever de bon matin; il doit, tout d'abord, nettoyer avec soin les mangeoires devant les chevaux et, à l'heure que j'ai prescrite, distribuer à chacun son avoine. Après que les chevaux l'auront mangée et pendant qu'ils mangeront la petite ration de foin que j'ai indiquée, le palefrenier lèvera la litière avec une fourche de bois; il mettra la paille propre sous les mangeoires, mais après que la paille en aura été bien balayée.

Il doit ensuite jeter sur le fumier celle qui est salie, balayer et nettoyer soigneusement toute l'écurie, le long des murs et sur le sol, puis commencer le premier pansage ainsi qu'il suit : défriser le poil avec la brosse de chiendent et enlever le plus gros de la poussière, surtout vers l'arrière-main et la moitié du corps du cheval; puis, tourner son cheval tête-à-queue et opérer le même pansage superficiel sur l'avant-main, en commençant par la tête, en brossant la crinière et le toupet avec précaution, pour éviter de faire glisser de la poussière dans les yeux du cheval.

Après ce pansage préparatoire vient celui de la brosse en crin, qui doit se faire de la même manière, la moitié du corps et l'arrière-main, puis l'avant-main, le cheval tête-à-queue; l'étrille, dont on se sert exclusivement pour enlever la poussière que ramasse la brosse, ne doit jamais passer même légèrement sur le corps du cheval; ce moyen de pansage est réservé uniquement aux chevaux de trait, à ceux qui ont le poil dur, épais, et n'ont aucun degré de sang.

Ensuite, on procède au pansage avec le bouchon de foin humide préparé quelques heures à l'avance (ou la veille). Ce pansage au bouchon enlèvera tout le reste de la poussière et lissera le poil. La manière de se servir du bouchon par application doit être énergique et faite avec une grande activité (cela est d'une grande importance).

Le palefrenier terminera le pansage par un coup de torchon dont il formera une espèce de tampon et qui doit être manié de la même manière que le bouchon.

Le toupet, la crinière et la queue devront être brossés avec soin, afin de ne pas arracher les crins, en commençant avec la brosse de chiendent, ensuite avec la brosse de crin, non-seulement d'une manière superficielle, mais bien en arrivant jusqu'au fond du crin pour en ôter la crasse qui s'y attache.

Quant aux jambes, elles seront massées avec le bouchon de foin et le torchon; les paturons seront lavés et essuyés soigneusement, ainsi que les pieds du cheval; ensuite, le palefrenier prendra un seau d'eau très-propre, puis, avec son éponge un peu humide, il nettoiera avec précaution les yeux du cheval, la bouche, les naseaux, l'intérieur des oreilles et l'anus.

Puis il essuiera, avec un linge blanc et propre, partout où l'éponge aura passé, jusqu'à ce que toute trace d'humidité disparaisse sur le corps du cheval.

*

A la fin du pansage, le palefrenier aura soin de graisser les pieds, principalement le tour de la couronne avec de l'onguent de pied, une fois par semaine, et de remplir les sabots de fiente de vache humide, afin de prévenir le dessèchement du pied, ce qui est la cause fréquente de boiteries et de maladies, telles que seimes, bleimes et rétrécissement des quartiers.

Aussitôt que le cheval est pansé, il faut le couvrir, en ayant soin de passer la couverture d'avant en arrière, pour conserver le poil lisse, et placer sur la croupe, en dessous de la couverture, une serviette ou tout autre linge propre, un peu humide, que l'on retire quand le cheval est pansé par la croupe, ce qui achève ainsi de lisser le poil de cette partie.

Lorsque le palefrenier mettra le surfaix sur le dos du cheval pour maintenir la couverture, il aura soin de ne le pas trop serrer, afin que le cheval puisse respirer plus commodément.

J'ai recommandé particulièrement la propreté des jambes parce que je considère ce pansage comme un véritable massage destiné à activer la circulation et à fortifier toutes les parties articulaires. Le jarret doit être tout spécialement frictionné, et, conséquemment, le poil en sera propre et très-brillant.

Le pansage étant terminé, le palefrenier fera la litière avec soin, peu épaisse, moins fournie à l'arrière qu'à l'avant et très-unie; ensuite il placera la natte et roulera les bords de la litière en se servant d'une planche pour mieux régulariser son travail; il posera enfin la paille de seigle, qui doit terminer la natte et la séparer de la litière.

Les râteliers, le bord des mangeoires et les étables devront être essuyés avec soin pour en ôter la poussière, ainsi que le crottin qui pourrait s'y trouver; puis on donnera un dernier coup de balai, en arrosant légèrement l'écurie pendant les grandes chaleurs.

III.

Soins à donner aux chevaux qui ont eu très-chaud ou qui ont eu à supporter de grandes fatigues.

Lorsque le cheval rentre en sueur, on commence par le gratter premièrement par tout le corps avec un couteau de chaleur et le sécher au torchon, en commençant par les reins, la poitrine, la gorge, ainsi que le tour des oreilles; s'il reste certaines parties encrassées par la sueur séchée, il faut les laver à l'eau tiède avec une éponge et les sécher ensuite avec un torchon.

Quant aux jambes, elles pourront être lavées à l'eau froide jusqu'aux genoux seulement et jusqu'aux jarrets, pas plus haut, à la condition, toutefois, de les sécher pour y rappeler la circulation. Les sabots doivent être soigneusement lavés et les flanelles posées ensuite (pour tous les chevaux de sang).

Si ce pansage a été fait assez activement, le cheval se trouvera dans les meilleures conditions pour prendre son repas; on le préservera ainsi des suites fâcheuses d'un exercice trop violent.

Comme il se pourrait que le cheval n'eût pas le poil très-fin et qu'il fût difficile de sécher assez vite les parties lavées, sur les reins, l'encolure ou tout autre endroit du corps, on se bornera à enlever et à sécher la sueur, en faisant ensuite le pansage à la brosse de chiendent, à la brosse de crin et au bouchon de foin, ainsi que je l'ai précédemment indiqué.

Tout cheval qui rentre à l'écurie après le travail doit être l'objet des soins immédiats, car la plupart des maladies du cheval ne viennent que de l'incurie trop ordinairement apportée à ces soins par les gens qui y sont préposés. Le pansage du cheval doit passer avant tout, c'est sa santé! sa conservation! Il va sans dire qu'un cheval ne doit boire et recevoir sa ration d'avoine qu'après le pansage complet et une heure après son retour de l'exercice.

Il faut surtout éviter les courants d'air dans une écurie quand on aura fait le pansage d'un cheval revenant d'un exercice un peu violent; on peut l'aérer cependant quand le pansage est fini et lorsque le cheval est couvert.

Lorsqu'enfin tous les soins de l'écurie seront terminés, le crottin devra être enlevé soigneusement au fur et à mesure qu'il s'en trouvera sur la litière.

Le palefrenier attachera les chevaux à la longe destinée à éviter qu'ils ne se couchent sur une litière trop mince et ne salissent leur couverture de jour.

A cette règle il y a cependant des exceptions qui s'appliquent aux jeunes chevaux placés dans les établissements de dressage. Ils ont besoin, eux, de se reposer après les exercices, et d'avoir, pendant quelque temps, une litière abondante, en supprimant la longe de jour. On les laisse ainsi dans une tenue plus négligée, mais aussi plus en rapport avec les nécessités de leur âge et de leur éducation.

Considération très-importante sur la manière de faire la litière du soir à des chevaux qui ont enduré de grandes fatigues.

Elle doit se faire après que les chevaux ont mangé la dernière avoine. Il faut la préparer d'une façon intelligente, en berceau, abondamment fournie, afin que le cheval ne puisse pas se blesser en se couchant.

Enlever ensuite les nattes, placer les couvertures, les licols et tous les accessoires d'écurie dans la sellerie, en bon ordre; s'assurer si les chevaux sont solidement attachés et ont mangé leur avoine; si l'on s'apercevait qu'un cheval n'eût pas mangé sa ration, il faudrait rester et veiller constamment auprès de lui, et, s'il y avait la moindre apparence de maladie, requérir aussitôt le vétérinaire.

Nota. En parlant du pansage des jambes, j'ai recommandé de laver avec soin les pieds des chevaux, ce qui est indispensable pour la conservation de cette partie ; cette recommandation a le double but de fixer l'attention du palefrenier sur l'état des pieds, de constater celui de la ferrure ; elle le met, en un mot, dans la nécessité d'examiner particulièrement cette partie, sur laquelle on ne saurait trop sérieusement appeler l'attention des personnes auxquelles le pansage des chevaux est confié, car on voit, malheureusement trop souvent, des chevaux devenir boiteux par suite d'une pierre restée, par négligence, dans le sabot ou la fourchette, où elle s'est attachée, ou encore entre le fer et la corne du pied, où elle peut pénétrer quelquefois profondément dans la corne et, par suite, faire boiter le cheval et lui causer d'horribles souffrances aussitôt qu'il marche, soit monté, soit attelé, ne fût-ce que quelques instants.

Quant à l'abreuvoir, dont j'ai fixé les heures et l'opportunité, je dois faire remarquer qu'il est imprudent de laisser boire les chevaux à leur soif, lorsqu'ils ont eu très-chaud et qu'on leur suppose un peu de fatigue; c'est surtout dans ce cas qu'il est bon de mettre dans leur eau une poignée de farine d'orge et, à son défaut, une poignée de son, fortement agitée avec la main pour y introduire le plus d'air possible, en recommandant de puiser l'eau toujours à l'avance, soit la veille pour le matin et le matin pour le soir.

En résumé, si l'on veut aider au maintien de la santé du cheval, qu'on le nourrisse bien, qu'il respire un air pur, que les écuries soint rentilées, et que quelques heures de promenade ou d'exercice par jour viennent en aide à ce régime démontré par la science, les faits et l'expérience.

Précautions préventives des maladies du cheval.

La source la plus ordinaire des maladies du cheval, c'est, comme je l'ai dit en commençant, la négligence, le défaut de soin et la malpropreté des écuries.

Pour parer, dans la mesure du possible, au dernier de ces inconvénients, sauf urgente recommandation pour les autres, il est de toute nécessité : 1° de paver le sol des écuries, en ménageant derrière les chevaux un écoulement facile du purin ; 2° de procéder à de fréquents lavages à l'eau claire, afin d'éviter que les matières organiques du fumier ne pénètrent le sol et n'engendrent ainsi des miasmes délétères, dont les suites sont presque inévitablement la pneumonie, le typhus et toutes les affections qui s'y rattachent.

C'est lorsque les chevaux sont dehors que l'on doit faire tomber sans exception toutes les toiles d'araignées qui tapissent le plafond et le haut des murs des écuries mal tenues. Blanchir très-fréquemment à l'eau de chaux les murailles et, sans exception, toutes les parties de l'écurie.

IV.

De la construction des écuries.

Lorsque l'on fait construire des écuries, il est bon d'y faire placer des fenêtres de bonne dimension et à une bonne hauteur pour éviter les courants d'air sur les chevaux, et des portes assez larges pour pouvoir, chaque jour de beau temps, aérer l'écurie convenablement, l'air pur étant l'élément indispensable de tout bon état de santé.

Après avoir insisté sur la nécessité de fournir une litière abondante et souvent renouvelée, de ne jamais donner en consommation des fourrages poudreux ou moisis, nous retombons naturellement à la situation atmosphérique de l'écurie habitée ; d'où cette considération : que, l'air se composant de parties d'oxygène et d'azote, il arrivera que, dans le cours d'une seule nuit passée à l'écurie, les chevaux, par suite de leurs secrétions (*sueurs, souffle, urine, etc.*), auront transformé cet air respirable en une sorte de gaz méphitique où dominera l'acide carbonique, et la vie deviendrait pour eux une souffrance perpétuelle dans un milieu où, l'air respirable manquant, les organes essentiels à la vie se trouveraient attaqués. Il va de soi que le nombre de chevaux qui habitent une écurie a une influence incontestable en rapport avec le volume d'air exhalé par les émanations et celui que l'on parvient à obtenir du dehors par les moyens que je viens d'indiquer.

V.

Des boxes.

Il m'a semblé utile, après avoir parlé des écuries, de préciser et de constater l'utilité de ce que l'on appelle *boxe*.

J'insiste beaucoup sur la construction de ces locaux spécialement destinés au cheval en liberté, quoique renfermé.

Un *boxe* n'est autre chose qu'un espace de cinq mètres de long sur quatre de large, indispensable à la libre circulation du cheval ayant à sa portée tout ce qui est nécessaire à sa nutrition; soit, par exemple : le râtelier dans l'angle de gauche, la mangeoire dans l'angle opposé à droite et l'appareil ou ustensile destiné à l'abreuvoir dans le troisième angle. Cette disposition est nécessaire pour éviter que l'avoine, le fourrage et même le foin contenus dans la mangeoire ou au râtelier ne salissent la boisson ou ne fassent un mélange dont la propreté laisserait à désirer, la mangeoire, le râtelier et l'appareil destiné à l'abreuvoir étant, bien entendu, placés et disposés pour l'usage d'un cheval de moyenne taille.

Que la porte, ouvrant à deux battants, soit placée au midi et surmontée d'une fenêtre aussi haute que possible, ouvrant et fermant facilement, de façon à obtenir cette ventilation destinée à renouveler l'air et que je réclame impérieusement.

Les boxes sont d'une grande nécessité dans un établissement où il y a plusieurs chevaux, en ce qu'ils isolent complètement le cheval malade de ceux qui sont en santé et lui permettent de s'y reposer plus à son aise; de là son rétablissement plus prompt par suite de la facilité plus grande avec laquelle les soins peuvent lui être donnés, sur les indications du vétérinaire, lequel, outre le régime, prescrira inévitablement une bonne litière.

De la nécessité de tenir les chevaux couverts dans les écuries.

On ne comprend pas assez l'utilité de tenir les chevaux couverts toute l'année, surtout en hiver. Ce n'est pas seulement pour éviter la poussière et tenir le poil uni et beau que cette précaution est bonne; c'est surtout pour les garantir du froid auquel, comme l'homme et tous les êtres, ils sont sensibles, puis entretenir et même augmenter la chaleur naturelle à l'aide de la chaleur extérieure. La chaleur naturelle contribue pour la majeure part à la digestion; le froid condense le cuir, ferme les pores et empêche la transpiration des vapeurs qui font les excrétions de la 3e coaction.

La froid trop intense engourdit la chaleur interne et fait hérisser le poil, ce qui rend un cheval difforme, le met mal à son aise, tandis que la chaleur conservée par la bonne nourriture, un bon pansage et une bonne couverture, tiennent le poil dans tout son lustre et le cheval gai et en santé.

Il serait superflu cependant de couvrir le cheval la nuit dans une écurie chaudement tenue, à moins qu'il ne fût malade.

VI.

De la qualité des fourrages et autres aliments.

Foin.

On reconnaît la bonne qualité du foin en ce qu'il présente une apparence lustrée, une bonne odeur, une saveur agréable et sucrée, que les tiges sont fines, mais offrent beaucoup de résistance lorsque l'on veut les briser.

Qu'il soit autant que possible garni de ses feuilles ou de ses fleurs ; si le foin a été coupé trop tôt, les feuilles en seront petites et minces, n'ayant que peu d'odeur et de sapidité ; si au contraire il a été coupé trop tard, il sera cassant, insipide et peu nutritif.

Il est donc indispensable de ne donner aux chevaux que du foin récolté dans de bonnes conditions et à maturité.

Paille.

Pour être bonne, la paille de froment devra avoir une belle couleur jaune pâle ou dorée, être fraîchement récoltée, d'une odeur agréable, les tiges fines et garnies de leurs épis autant que possible, avec un mélange de bonnes plantes fourragères aussi nouvellement récolteés et exemptes de toute altération.

Avoine.

La bonne avoine doit être d'une odeur et d'un goût agréables, très-farineuse, l'écorce mince, les grains gros et glissants entre les doigts lorsqu'on la choisit pour l'acheter au marché ou chez le marchand.

Elle doit aussi être recoltée à maturité dans de bonnes conditions, mais ni trop tôt ni trop tard.

Orge.

On emploie généralement l'orge à l'état de farine mise dans l'eau destinée à abreuver les chevaux ; elle est encore employée avec avantage mélangée avec du seigle cuit, dans les proportions d'un litre de farine d'orge avec trois litres de seigle cuit ; c'est un moyen excellent de rendre l'embonpoint aux chevaux devenus maigres par suite de maladies ou de fatigues excessives.

L'expérience a prouvé que cette nourriture, donnée aux chevaux pendant quelques jours de repos, dans les proportions indiquées, est souveraine pour remettre en bon état les chevaux dépéris.

Il ne faut pas se dissimuler que la farine d'orge est moins nutritive que l'avoine, et que, pour être de bonne qualité, elle doit être brune ou d'un blanc jaunâtre et blanchissant beaucoup les mains lorsqu'on la manipule.

Son.

On reconnaît le son de bonne qualité lorsqu'il est frais et sans odeur, d'une saveur douce. Il devra, en raison de sa qualité, rendre l'eau plus ou moins laiteuse, selon qu'il contiendra peu ou beaucoup de farine. Pour l'alimentation des chevaux, il faut cependant éviter de mouiller beaucoup le son, ne faire que de l'arroser légèrement, c'est-à-dire le friser. S'il en était autrement, le son trop délayé pourrait causer des indigestions et donner lieu à des diarrhées au lieu de rafraîchir les chevaux, but que l'on se propose.

Carottes.

La saveur sucrée et aromatique des carottes est recherchée par les chevaux, à ce point qu'elle est pour eux une véritable friandise.

On doit en donner principalement et de préférence à ceux qui ont souffert des organes digestifs et aux jeunes chevaux, puis encore à ceux auxquels on est obligé de fournir une abondante ration d'avoine, en rapport avec le service que l'on a exigé d'eux comme chevaux de travail.

Il est bon de remarquer que les carottes doivent, après avoir été hachées convenablement, être mélangées avec l'avoine, dans des proportions variables de 3 à 9 litres par jour pour les carottes seulement, selon la taille et la conformation du cheval que l'on admet à ce régime, qui, bien suivi pendant 30 ou 50 jours, contribuera puissamment à remettre en parfait état un cheval épuisé par de trop longues fatigues.

VII.

Remarques et observations pour reconnaître tout cheval malade.

Il est précieux de réunir les connaissances nécessaires pour reconnaître les symptômes précurseurs des maladies ou même des indispositions des chevaux. Rien cependant, outre l'idée générale qu'il en faut avoir, ne sert mieux que de considérer attentivement l'animal pour découvrir l'infirmité qui l'afflige.

Le premier signe qu'il donne de la maladie, c'est le dégoût. Alors, comme l'œil du cheval est le vrai miroir de son intérieur, il faut voir d'abord s'il a l'œil hagard et farouche, puis l'oreille froide, la bouche échauffée, pâteuse ou baveuse, le poil hérissé aux flancs et lavé aux extrémités plus qu'à l'ordinaire, c'est-à-dire déteint; ses excréments sont durs, noirs ou verdâtres, l'urine crue et claire, l'œil pleure, la tête devient pesante et basse et le cheval chancelle en marchant.

Un autre symptôme, c'est, lorsque le cheval est réellement vigoureux, qu'il est ardent aux autres chevaux, de voir que tout à coup ses forces diminuent; il reste tranquille auprès des autres, se couche et se relève fréquemment; il regarde son flanc qui se trouve plus agité qu'à l'ordinaire; le cœur bat violemment, ce que l'on reconnaît en appliquant la main entre l'épaule du cheval et le passage des sangles, du côté gauche. Enfin, le cheval se néglige, quoi qu'on lui fasse, sans préjudice de plusieurs autres signes de maladie dont je parlerai en temps et lieu et de chacun en particulier.

1re *Remarque.* Si vous remarquez qu'après une longue maladie un cheval ne se campe plus pour uriner, qu'il ne se détire pas, qu'il laisse dégoutter l'urine dans le fourreau, c'est presque toujours un signe mortel, à moins qu'à l'état de santé, ce que l'on a pu remarquer quelquefois, le cheval ne laissât égoutter ses urines dans le fourreau, auquel cas on ne pourrait tirer aucune induction de maladie, ni même d'indisposition.

2e *Remarque.* C'est presque toujours un signe de maladie, sinon mortelle, du moins très-dangereuse, lorsque les crins s'arrachent facilement et tombent d'eux-mêmes, et encore lorsque le cheval, s'il est couché, ne veut plus se lever, ou, s'il est debout, hésite à se coucher. Une autre observation très-utile et très-judicieuse est que le cheval malade montre le blanc des yeux en haut, preuve évidente qu'il souffre et que la maladie peut quelquefois être dangereuse.

Pourtant, si le cheval se couche et qu'il reste longtemps couché après une rude maladie, c'est que les fonctions vitales se raniment graduellement, en un mot c'est un très-bon signe, et ce repos prolongé contribue puissamment à son rétablissement.

Ainsi donc, toutes ces observations faites consciencieusement, il vous reste, et c'est ma recommandation la plus expresse, à requérir le vétérinaire, dont les soins éclairés pourront, seuls peut-être, remédier efficacement à l'état de la mauvaise santé, constatée par vous-mêmes sur vos chevaux dès les premiers signes que je viens d'indiquer.

VIII.

Des soins à donner aux chevaux sains en voyage.

Naturellement, les personnes qui voyagent avec des chevaux en prennent le plus de soin possible; mais il arrive le plus souvent que, pour les conserver en santé, ils réussissent fort mal, faute d'expérience et de savoir ce qu'il faut faire pour les bien gouverner et les préserver d'une foule d'accidents.

Je me propose donc, par les moyens que je vais indiquer, de vous mettre à même de conserver la santé de votre cheval pendant un long voyage et de le ramener, après plusieurs jours de marche, aussi sain et les jambes aussi belles et aussi solides qu'au départ.

Mes recommandations s'adressent particulièrement aux personnes qui commandent les détachements de cavalerie, en temps de guerre comme en temps de paix. Il est indubitable que tout homme intelligent pourra mettre en pratique et raisonner cette méthode, et, de plus, en reconnaître la haute portée en ce qui concerne le but indiqué.

1° Veiller avant le départ si les chevaux sont bien sellés et bien bridés, si la selle n'est ni trop en avant ni trop en arrière, si les sangles ne sont ni trop serrées ni trop lâches, si la couverture est convenablement placée sous la selle, de façon que le garrot se trouve complètement libre et dégagé. On doit observer qu'un cheval mal sellé ne fera pas seulement une étape sans être blessé. Il ne faut pas oublier qu'une blessure faite par la selle peut quelquefois mettre un cheval en danger de mort; rien ne le prouve mieux, malheureusement pour les blessures, que la quantité considérable de chevaux réformés pendant et après les guerres de Crimée et d'Italie, et pour cause de blessures occasionnées par les harnachements.

2° Il faut ensuite s'assurer si, d'après les règles indiquées, la gourmette n'est pas trop serrée, ainsi que la sous-gorge, et surtout mettre dans la bouche du cheval un mors qui ne soit ni trop long, ni trop court, ni trop piquant, qui lui convienne le mieux en un mot.

Suivant les règles que je propose, le cheval, pour être bien bridé et à son aise, devra porter le mors à la largeur d'un demi-doigt au-dessus des crochets, et surtout éviter de faire froncer les commissures des lèvres; que la gourmette porte bien à sa place, qui est sous la barbe, au défaut du menton; si la gourmette venait à écorcher la place où elle s'appuie, il faudrait la garnir d'un cuir gras et mince.

Il est toujours avantageux de mettre aux chevaux en voyage des mors qui les brident bien, car ceux qui ont trop de fer portent insensiblement l'animal à tenir la tête baissée, ce qui charge la main du cavalier et, par un incident tout rationnel, lui fait porter en avant tout le poids de son corps, qui, se trouvant sur l'avant-main du cheval, pour peu que cela se renouvelle en voyage, ruinerait en quelques jours de marche les membres antérieurs du porteur, ce qu'il faut éviter à tout prix.

Un mot indispensable sur le ferrage du cheval en voyage, afin de remédier, dans la mesure du possible, aux inconvénients, pour ne pas dire pis, causés par un fer mal ajusté, trop lourd ou trop mince, un clou mal broché, ou la mauvaise qualité de fer employé par le maréchal; inconvénients dont le moindre des maux est de vous forcer à demeurer, à aller à pied traînant votre cheval derrière vous des heures entières, avant de trouver un maréchal capable de réparer le mal.

De toute urgence, il faut donc s'assurer, avant le départ, si le cheval est ferré assez solidement pour faire le trajet à son aise et sans que le fer ne contraigne le pied, en recommandant au maréchal d'employer de bon fer, qui ne soit pas cassant, ni rendu tel par des pailles dont l'effet est désastreux.

Nécessairement, les soins à prendre pour les chevaux de selle s'appliquent aux chevaux d'attelage, mais voici encore pour ces derniers quelques observations qui m'ont paru très-importantes.

Après avoir vu si le cheval est bien bridé et si le mors n'est ni trop haut ni trop bas (c'est-à-dire que, le mors à canons fixes devant être placé, si on l'emploie à un travers de doigt des crochets, le mors à pompe doit être un peu plus bas); s'assurer que la gourmette est bien à point et sur son plat et de l'action du mors sur la bouche; voir si la sous-gorge n'est pas trop serrée et ajuster l'enrênement de telle sorte que le cheval, tout en étant soutenu et relevé, n'en éprouve aucune gêne.

Enfin, pour qu'un cheval soit bien garni, il ne faut pas que le collier soit trop grand ni trop petit, mais qu'il soit un peu renversé dans sa forme, venant rejoindre le garrot, portant bien sur les épaules, que le mantelet se trouvant placé fort en arrière du garrot divise le corps du cheval en deux parties à peu près égales.

Quand dans l'attelage on se sert d'avaloires, il faut les placer environ au tiers supérieur de la croupe et veiller surtout à ne pas trop les serrer, car elles auraient l'inconvénient de remonter jusqu'à la croupière et de gêner l'action de l'arrière-main; somme toute, que le cheval, attelé dans des traits ni trop courts ni trop longs, soit parfaitement libre de ses mouvements et ne soit aucunement blessé ni gêné par les parties de son harnachement.

Rappelant ce que j'ai déjà dit pour le cheval de selle, je fais observer qu'après avoir vérifié s'il est bien ferré, bien bridé et surtout bien sellé, cela n'est pas suffisant.

Il ne suffit pas en effet que la selle ne blesse pas le cheval, il faut encore qu'elle soit commode au cavalier, qui, s'il n'est pas à son aise sur sa selle, n'y sera jamais convenablement assis, et, pour peu qu'il s'en serve quelquefois, il ne pourra plus aussi avantageusement se lier aux mouvements du cheval, et il aura pris de là une position non-seulement disgracieuse, mais qui, portant la charge plus ou moins à un endroit qu'à un autre, blessera le cheval, le lassera beaucoup plus que si le cavalier était droit au milieu de la selle et le corps verticalement posé.

Pour ne pas blesser le cheval, la selle doit porter partout également, c'est-à-dire ne le presser pas plus à un endroit qu'à l'autre, être bien horizontalement sur le dos, ne serrant pas le garrot et surtout ne blessant pas les reins. Sa place sera ordinairement au défaut de l'épaule, et le cavalier ni trop en avant ni trop en arrière, afin que l'avant-main et l'arrière-main du cheval conservent toute leur liberté d'action.

Soins à prendre pour bien préparer les chevaux de selle et d'attelage en voyage.

Après avoir parlé des accidents qui peuvent survenir par le fait du harnachement ou de toute autre cause, je suis amené naturellement à parler des mesures à prendre pour les éviter.

Il est bon, si l'on entreprend un long voyage, d'y préparer le cheval une quinzaine de jours à l'avance, en lui faisant faire chaque jour une promenade qui sera, pour le premier jour, d'une heure seulement, de deux heures pour le second jour, et ainsi de suite jusqu'au 15ᵉ jour, où cette marche pourra se prolonger jusqu'à 16 heures.

Un cheval qui ne serait pas ainsi préparé à la fatigue et mis en haleine par cet exercice préalable deviendrait facilement fourbu et perdrait l'appétit.

Une excellente précaution, c'est, quand on est arrivé au gîte ou à l'étape, et pendant que le cheval est à l'écurie, de lui ôter la selle, de la bien faire sécher en la mettant au soleil du côté humide, ou même auprès du feu, puis les panneaux étant bien secs, les battre avec une baguette ponr empêcher qu'ils ne durcissent et ne blessent en cet état le cheval; j'ai du reste déjà fait cette recommandation de ne jamais mettre sur le dos du cheval une selle humide, et, lorsqu'on se servira d'une couverture sous la selle ou sous le harnachement d'attelage, il faudra la faire bien sécher avant de la remettre, surtout lorsque la transpiration abondante du cheval l'aura mouillée.

Toutes les parties en cuir qui portent sur le cheval devront être toujours soigneusement grattées et souples, afin de ne pas le blesser.

Relever un cheval qui s'abat.

Bien des fois, j'ai remarqué que lorsqu'un cheval d'attelage s'abat il en survient de graves accidents, et ceci, parce qu'on ne sait pas les prévenir.

Aussitôt que le cheval tombe, il faut lui maintenir la tête et la saisir de suite, la tenir fortement pour l'empêcher de se débattre et d'essayer de se relever, dételer les autres chevaux, s'il y en a d'attelés avec lui, déboucler toutes les parties en cuir du harnachement, décrocher les chaînettes, couper toutes les parties en cuir qui pourraient gêner ses mouvements, dégager la jambe du cheval de dessous les brancards, enlever la voiture pour rendre le cheval entièremeut libre et l'aider à se relever; toutes ces opérations doivent être faites le plus promptement possible. Il est à noter qu'on retrouve plus facilement un bout de cuir qu'un bon cheval dont souvent on sauve ainsi l'existence.

Si la voiture était trop lourdement chargée pour qu'on puisse la relever, il faudrait dégager le cheval des brancards en le tirant par la tête avec son licol.

Nota. La fin de cet ouvrage paraîtra très-prochainement en une nouvelle brochure destinée à être jointe à celle-ci.

www.ingramcontent.com/pod-product-compliance
Ingram Content Group UK Ltd.
Pitfield, Milton Keynes, MK11 3LW, UK
UKHW021041260726
13994UKWH00005B/2298